JN158164

きみは宇宙線を見たか

―霧箱で宇宙線を見よう

はじめに

あなたは、宇宙線ということばを聞いたことがありますか？「うちゅうせん」と聞くと「宇宙船」を思い浮かべた人もいるかもしれませんが、文字がちがいます。

宇宙線というのは、宇宙空間をものすごいスピードで飛びまわっているものすごく小さい粒のことです。わたしたちが気づかないうちに、その小さい粒は地球にも降りそそいでいます。宇宙船は、地球から宇宙にでかけていく乗りものですが、宇宙線のほうは反対に宇宙から地球にやってくるのです。

粒のことを〇〇線というのは変な感じがするかもしれません。英語ではCosmic（コズミック） Ray（レイ）です。Cosmicは「宇宙の」、Rayには「光線」とか「まっすぐ放射状にすすむもの」という意味があります。これを日本語で「宇宙線」といっています。

宇宙線とはどんなものなのでしょうか。あなたも宇宙線を見てみませんか。

この本は、小林が勤務していた学校で実施した「霧箱をつくって宇宙線を見よう」という中高生向けの課外実験講座のために、霧箱について研究していた山本の指導で作成した授業プランをもとにしています。東京大学宇宙線研究所の梶田隆章さんがノーベル物理学賞を受賞された年（２０１５年）の暮れに開催したその実験講座には、中学生を中心に高校生や他教科の先生たちも参加して、その場で自分たちが作成した霧箱（きりばこ）で宇宙線を観察し、宇宙と物質の歴史に思いをはせる楽しいひと時をすごしました。

あっけないほど簡単につくれて、宇宙線がバンバン見られる画期的な霧箱のつくり方をくわしく紹介しています。（名古屋大学素粒子宇宙物理系F研究室林熙崇（ひろたか）さん考案の霧箱が原型です）

宇宙線入門の本として、中学生くらいの人が自分で読みすすめることができるように専門用語は最小限にして、初心者向けに書きました。もっと詳しく知りたいという人のためには、おすすめの本やウェブサイトを巻末に紹介してあります。

小学校、中学校、高校の先生方が授業プランとしてお使いになるときは、学年に応じた内容や用語、知識を補ってお使いいただければと思います。

（小林眞理子）

＊本書は『たのしい授業』２０１６年２月号に発表した原稿に大幅に加筆したものです。

アンドロメダ大星雲
わたしたちの銀河系の外にある銀河

目次

霧箱とその作り方

天の川
銀河系の恒星のあつまりがまるで川のように見える

宇宙線はどこからやってくる?

宇宙空間をものすごいスピードで飛びまわっているものすごく小さい粒=宇宙線は、宇宙のどこで生まれ、どこからやってくるのでしょう。

宇宙線は宇宙のいろいろなところから飛んできます。いちばん近いところでは太陽からやってきます。

太陽は強烈な光をだして昼間の空に輝いていますが、宇宙全体から見ると、太陽のようにみずから熱や光を出す星=恒星(こうせい)はたくさんありま

宇宙線は 太陽からも
やってくる。

す。それは夜空に輝く星たちです。わたしたちの太陽は、銀河系とよぶ恒星の大集団の星の一つです。宇宙線は銀河系のあちらこちらからもやってきます。

広大な宇宙には、このような星の大集団＝銀河が数えきれないほどたくさんあります。宇宙線は、なんとわたしたちの銀河系のもっと外側、はるかに遠いほかの銀河からも飛んできます。宇宙線の粒はどうしてそんな遠いところから、しかも、ものすごいスピードのまま、はるばるやってくることができるのでしょう。じつはそのわけはまだ、あまりよくわかっていません。

宇宙線の研究がはじまったのは、つまり、人類が宇宙線の存在に気がついたのは、つい100年くらい前（日本でいえば大正時代）のことです。宇宙線の研究は、科学者がわくわくしながら謎をとこうとしているまっ最中、という最先端の分野なのです。

宇宙線の粒はすごく小さい

宇宙線がどうやって発見されたか、どうやったらみなさんも宇宙線を見ることができるのかというお話をする前に、宇宙線はどんな粒なのか、もう少しくわしく調べてみましょう。

宇宙線はわたしたちの銀河系
だけでなく もっと遠いところから
も 飛んできている。

〔質問１〕

宇宙線の粒は、ものすごく小さいというのですが、どのくらいの大きさのものでしょう。みなさんが知っている〈とても小さい粒〉というと、どんなものがありますか？

わたしたちの身のまわりのものは、「原子」という小さい粒でできています。原子は約１００種類くらいあります。空気や水、土や石、生物のからだも、この小さい原子が組みあわさり、たくさんあつまってできているのです。

けれども原子一つ一つを目で見ることはできません。

学校の理科室にあるような顕微鏡でも見えません。原子は電子顕微鏡などの特別な

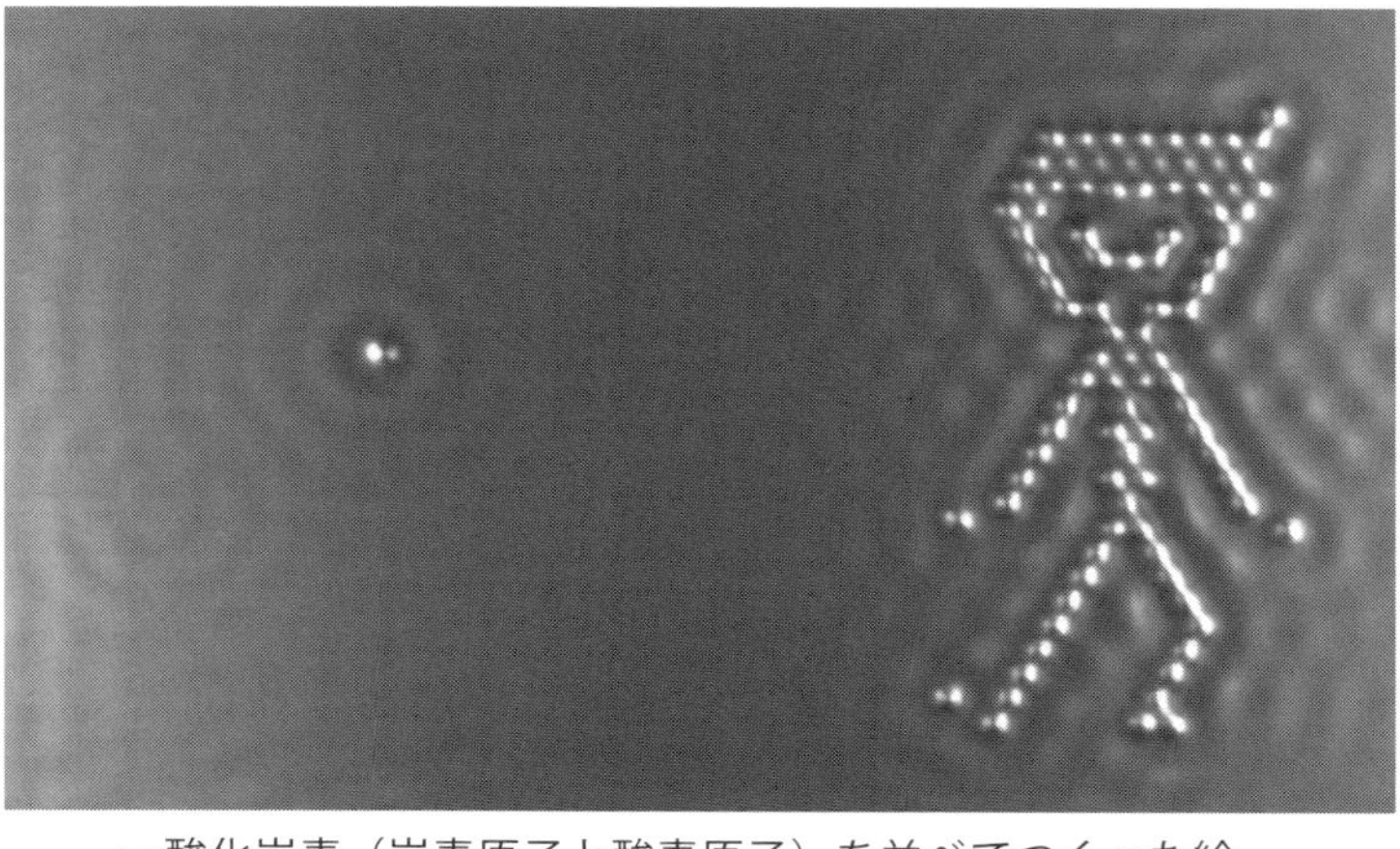

一酸化炭素（炭素原子と酸素原子）を並べてつくった絵。走査型トンネル顕微鏡による写真。IBM が原子ひとつひとつを操作して配列することと，その撮影に成功した。〔IBM〕

小さいものって…ゴマ粒？
砂糖粒？粉？それとも分子や
原子かなあ？

顕微鏡でやっと見えるくらいの小さい粒です。

宇宙線は原子より小さい粒——原子は、原子より小さい粒でできている

宇宙線の粒は、この小さい粒「原子」よりも、もっと小さい粒なのです。電子顕微鏡でも見えません。原子よりもっと小さい、とはどういうことでしょう。左の図は、原子のなかがどうなっているかを説明するための絵です。（縮尺は正しくありません）

すべての原子のなかでいちばん小さい原子は水素原子です。まん中に「陽子」という粒が1個あり、そのまわりを「電子」という粒が1個ぐるぐるまわっています。水素原子のつぎに小さい原子はヘリウムという原子で、まん中の粒が4個あります。陽子という粒2個、中性子という粒2個の、あわせて4個です。

原子のまん中にあるこのような粒々を「原子核」といいます。

ヘリウム原子核のまわりをまわる「電子」は2個です。いろいろな原子はどれも、こんなふうに「原子核」の粒々のまわりを電子がぐるぐるまわっているというつくりになっています。

ほんとうの原子核の大きさは、原子全体の大きさからするととてつもなく小さく、〈原

原子は、原子よりもっと
小さい粒からできている。

● 電子
⊕ 陽子
○ 中性子

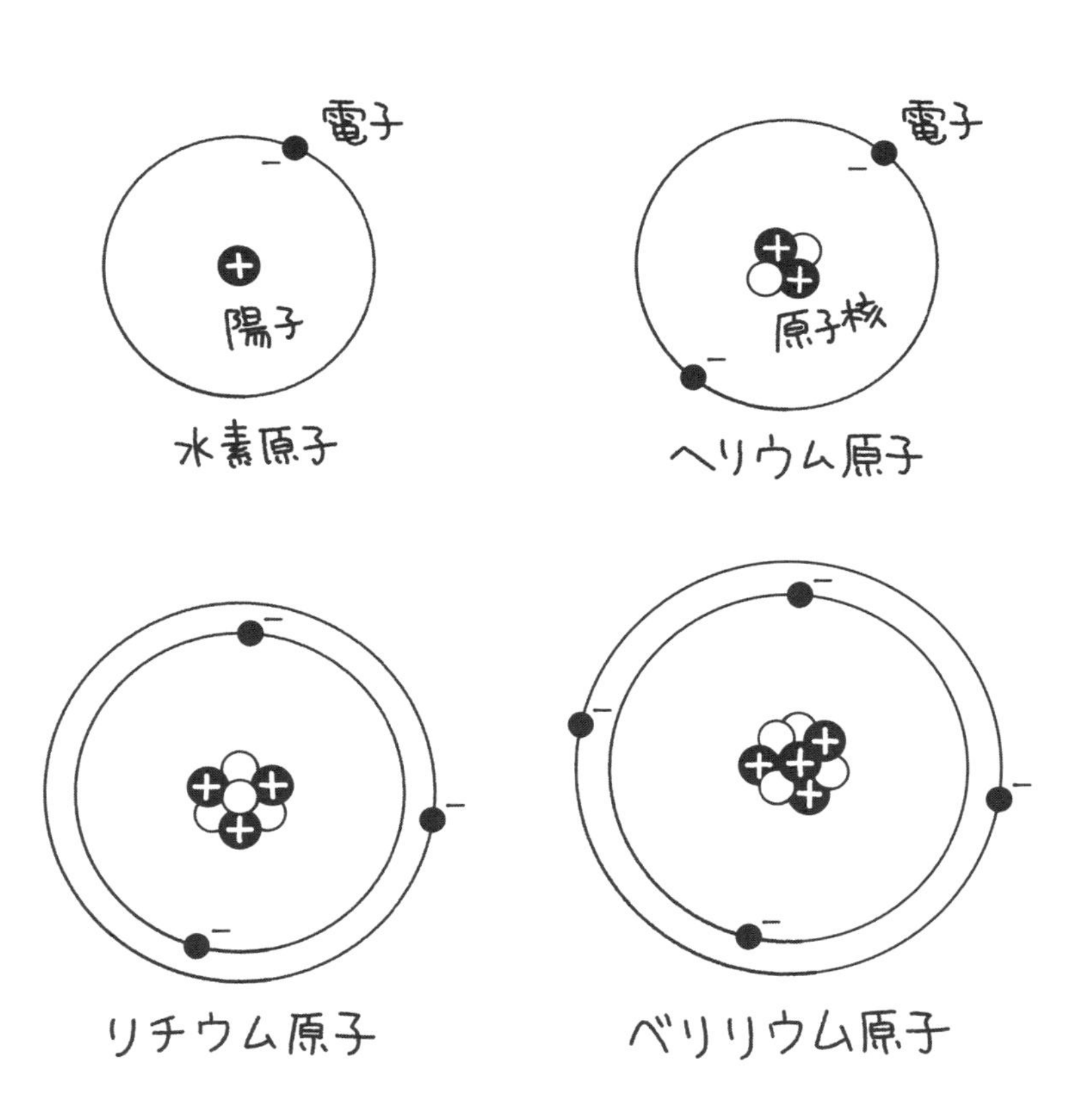

子の大きさを野球場とすると、そのまん中においた画びょう〉くらいとたとえられます。「原子核」とそのまわりをまわる「電子」との間のすきまにはなにもありません。原子の中身はスカスカだということになります。

原子は、「原子核」や「電子」のような、原子よりさらに小さい、いわば〈原子の部品〉でできているのです。

宇宙線の粒は、原子の部品

じつは、地球にやってくる宇宙線の粒の数の90％は、水素原子の部品である陽子です。残りの９％は、ヘリウムの原子核と同じ粒〈陽子２個と中性子２個があつまったもの〉、１％はもっと大きい原子核や電子などです。

いずれにしても宇宙線の粒の正体は、原子よりもっと小さい〈原子の部品〉の粒です。

では、水素原子やヘリウム原子の部品がどうして宇宙空間を飛んでいるのでしょう。わたしたちの身のまわりの原子はいつ、どこでできたのでしょう。

科学者は、〈宇宙は、すべてのものが一か所に押し縮まったものすごい高温の火の玉のような状態からはじまった〉と考えています。

原子が野球場の大きさなら、
原子核はマウンドにさした
画びょうくらい。

原子の中身はスカスカなの
です。

宇宙のはじまりのようすについて今のところわかっているのは、「１３８億年前、火の玉が急激に膨張（ぼうちょう）をはじめ、宇宙全体が大きくなるにつれ温度がどんどん下がって、今のような宇宙になったということ、そして、宇宙が広大になった今も膨張は続き、星と星はおたがいに遠ざかり続けている」ということです。

なんで、そんなことがわかるのかですって？　星と星の間がほんとうに遠ざかっていることは観測でわかりました。ということは、時間をさかのぼれば、星どうしはおたがいにもっと近かったことになります。そして１３８億年前までさかのぼると……宇宙は一カ所にあつまってしまう、というわけです。さらに、宇宙がはじめは超高温状態であった証拠も観測されています。

〔質問２〕

原子はいつできたのでしょう。宇宙のはじまりから原子はあったのでしょうか。あなたはどう思いますか。

ア、宇宙のはじまりから原子はあった。

イ、はじめはなかったが、だんだんできてきた。

ウ、その他の考え。

138億年前に火の玉が膨張をはじめ、星と星はいまも どんどん遠ざかり続けている。

原子は宇宙のはじめから存在したわけではありませんでした。はじめにあったのは、陽子や中性子の材料になったさらに小さな究極の粒子（りゅうし）です。それ以上分けることができない粒、物質のおおもとの粒という意味で「素粒子（そりゅうし）」とよばれています。（この本で今までできた粒のなかの「電子」ははじめからあった素粒子の一つだと考えられています）

宇宙が膨張をはじめるやいなや、陽子と中性子はすぐできましたが、はじめはくっつきあわずに自由に飛びまわっていました。

温度が少し下がって電子が陽子につかまえられるようにくっつき、最初にできた原子が水素原子です。水素原子は最も古い原子なのです。

つぎに陽子や中性子がくっついてヘリウム原子もできました。膨大な数の水素原子とヘリウム原子、それにリチウム原子、ベリリウム原子といった小さくて軽い原子も宇宙誕生のごくはじめにできました。でも、水素原子とヘリウム原子の数は圧倒的で、科学者たちの計算によると、膨張がはじまって5分後の宇宙は、およそ「水素10：ヘリウム1」の割合の原子でできていたそうです。

原子は星の内部や、爆発によってつくられて種類が増えた

原子の歴史をさらに追ってみましょう。

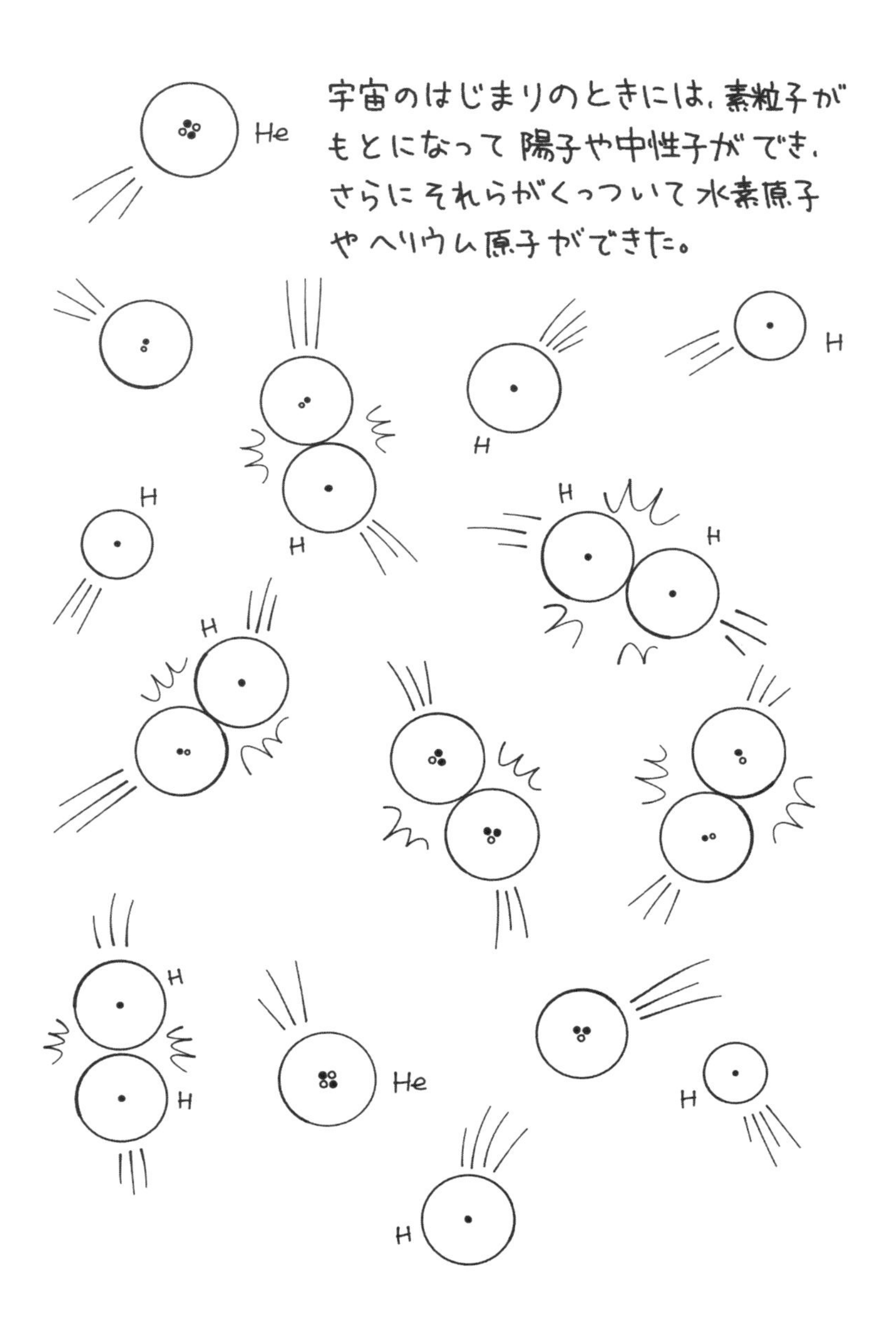
宇宙のはじまりのときには、素粒子がもとになって陽子や中性子ができ、さらにそれらがくっついて水素原子やヘリウム原子ができた。
He
H

それから何億年かの長い時間がたち、宇宙空間にただよう水素原子が大量にあつまって星が誕生しました。星の内部では大きな重力によって原子核どうしが合体しあい（核融合という）、熱や光をはなって自ら輝きはじめました。原子核と原子核が合体しあうと、より大きな原子核ができます。こうして星の内部でさまざまな大きさの原子核をもつ原子、つまり新しい種類の原子がつくられました。

宇宙のあちらこちらで輝く星は永遠に輝くわけではありません。寿命がつきるとき超新星爆発とよばれる大爆発をおこす星があるのですが、この爆発によっても新しい原子がつくられることがわかっています（星の最後なのに、超新星爆発という名前は変だと思ったかもしれません。星の爆発がおこると、夜空に急に明るい星が出現したように見えます。それを昔の人は新星とよびました。特別すごい新星の爆発が超新星爆発です）。

星が最後をむかえると、星の原子は宇宙空間にまきちらされます。その原子があつまるとまた新しい星が誕生します。

およそ50億年前にできた太陽もこうしてできた星の一つです。

太陽のまわりをまわる地球もそのときできました。地球で生まれたわたしたちのからだの原子も、もとはといえば、はるか昔の星のかけらだったことになります。

超新星爆発がおこると、その大きなエネルギーで原子より小さい原子の部品も宇宙空間にまきちらされます。

かに星雲

超新星爆発で宇宙空間に広がった星の残骸です。鎌倉時代の公家・藤原定家（ふじわらのていか）は、日記『明月記（めいげつき）』のなかで、過去の空の異変の記録を調べて書き残しています。そのなかに1054年の超新星出現の記述があり、これが現在わたしたちが見ている牡牛座のM1（かに星雲）です。出現後約1000年で、爆発した星の物質（原子）がここまで広がりました。この星雲もいつかまたどこかの星の材料になるかもしれません。

地球にやってくる宇宙線がどこで生まれたのか、確かなことはまだわかっていません。しかし、太陽系の外からくる宇宙線には、こうしたはるか遠くの星の爆発で飛びちった原子の部品もふくまれていると科学者たちは考えています。

「宇宙は空気がないので真空だ」という話を聞いたことはありませんか。宇宙空間は厳密にいえば「真空＝原子もなにもない空間」というわけではありません。場所によってもちがいますが、およそ1立方センチメートルに1～2個程度の原子や原子のあつまり（分子）が存在しています。

でもその数は1立方センチメートルに3000京0000兆0000億0000万0000個近い分子や原子がある地球の大気にくらべれば、真空といってよいくらいのものです。

〔質問3〕

それでは、今の宇宙に存在するすべての原子のなかで最も数多く存在するのはどの原子だと思いますか。

ア、水素原子　　イ、酸素原子
ウ、窒素原子　　エ、炭素原子
オ、ヘリウム原子　　カ、そのほかの考え

宇宙には、どんな原子があるんだろう。

宇宙の原子のほとんどは、水素とヘリウム

地球で見つかる原子は約１００種類です。

しかし宇宙全体では、原子の数を調べると、９２・１％は水素で、7.8％はヘリウム原子です。宇宙の最初のころにできた原子たちだけで９９・９％であることがわかりました。なんと、宇宙にある原子の９９・９％は水素とヘリウムだけなのです。地球の大気に飛びこんでくる宇宙線の90％が水素の原子核「陽子」、９％がヘリウムの原子核というのもうなずけるような気がしませんか。

原子の種類はたくさんあるのに、どうしてもっとほかの原子があまり増えていないのでしょう。

星や銀河どうしはとても離れたところにあります。たとえば太陽からいちばん近い星（となりの太陽ともいえる恒星）も、光の速さで４年以上かかる遠いところにあります。宇宙はとてつもなく広いのです。

原子の種類が増えるには、原子核どうしがくっついたり、ぶつかって壊れたりすることが必要です。そのためには、もとになる原子がごく近いところにたくさんあつまっていなければなりません。そのような場所、つまり輝く星や、銀河のような場所は宇宙全体の広さにくらべたら奇跡的に存在する点のようなもので、それもおたがいにとてつもなく遠く

宇宙にある原子の種類と数の割合（%）

（『理科年表 2018』宇宙の元素組成より）

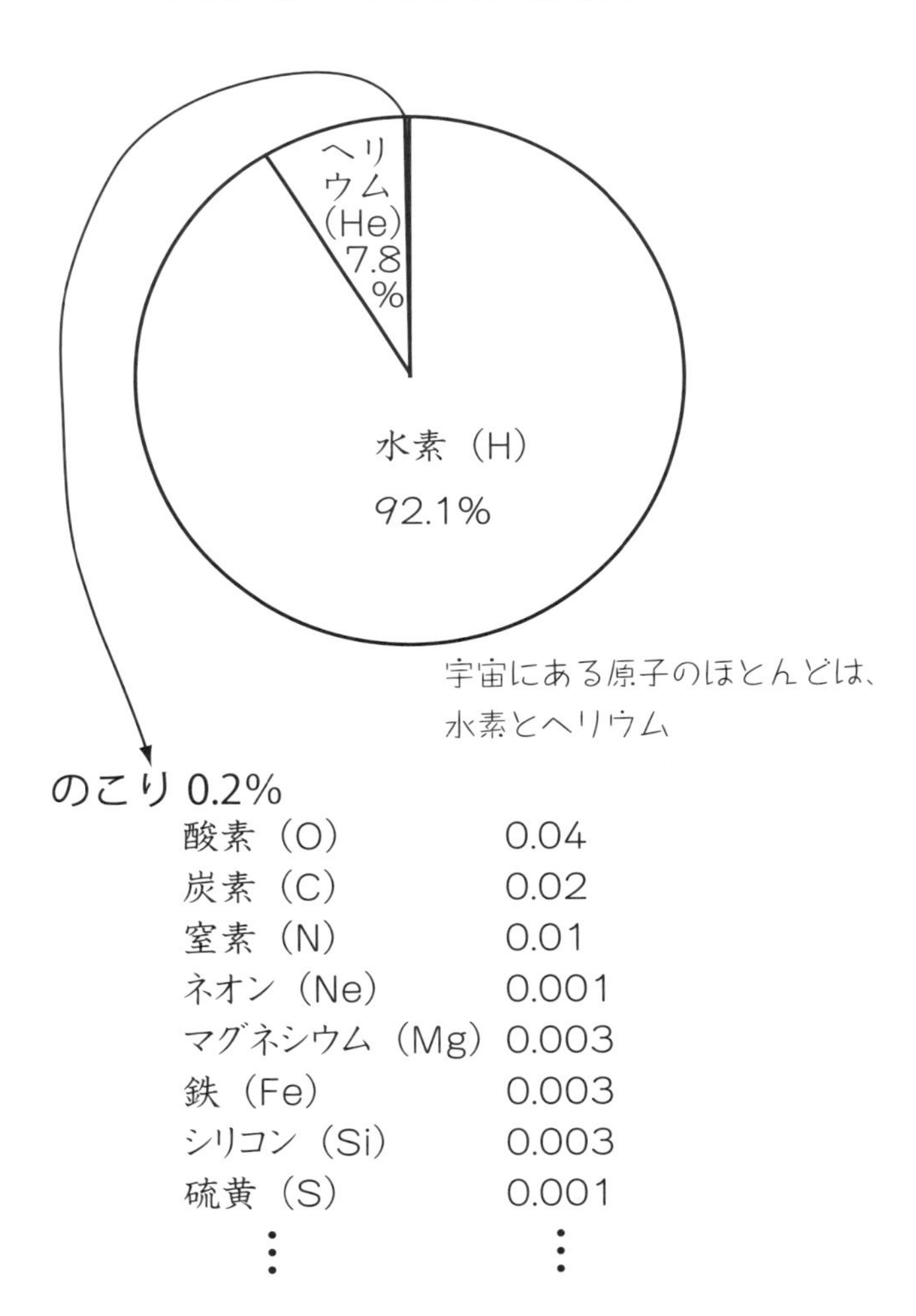

離れています。

水素やヘリウム以外の原子が生まれる機会も、多くの種類の原子が存在している場所も、宇宙全体から見ればごくごく少ないといえます。

見えない宇宙線を見るには

宇宙線は肉眼で見ることはできません。なにしろ原子よりもっと小さいのですから、電子顕微鏡を使っても見ることはできません。「見る」というと、ふつうの意味ではわたしたちの目で見るということです。しかし、そういう意味で宇宙線が飛んでいる様子を直接「見る」ことはできません。

宇宙線を調べる研究者たちは、宇宙線が飛びこむと反応してかすかに光をだす装置など、特別な装置を使って研究しています。

左の写真は「スパークチェンバー」といい、宇宙線が飛びこむと光の筋で飛んできた方向が見えるようにした装置です。科学博物館などで展示されていることもあるので、機会があったら反応する様子を観察してみてください。

そのつぎのページの写真は、東京大学宇宙線研究所が中心になっていろいろな観測や実験をおこなっている「スーパーカミオカンデ」という巨大な装置の内部です。岐阜県神岡

多摩六都科学館（西東京市）に展示されているスパークチェンバー。
宇宙線がこの装置に飛びこむと、その通り道が光って見えます。

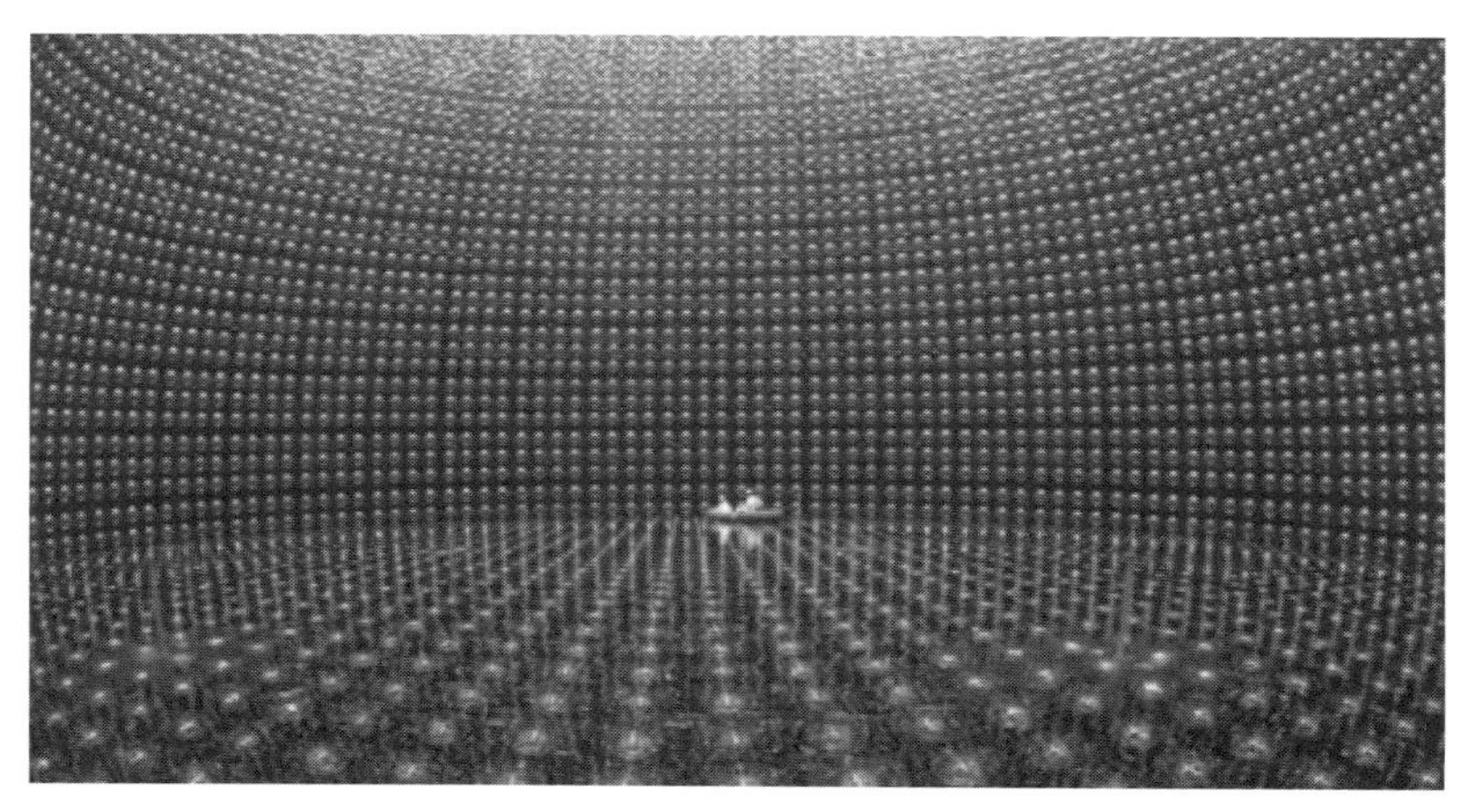

スーパーカミオカンデの内部

の地下にあります。

それぞれ、宇宙線が飛んできたときの装置の反応を調べることによって宇宙線を「見ている」といえます。

わたしたちがこんな装置をつくったり使ったりするのは無理ですが、じつは、わたしたちも他の方法でなら宇宙線を「見る」ことができます。

霧箱で宇宙線が見える

宇宙線が発見されたのは、いまから100年くらい前のことです。当時、宇宙線を「見る」ために使っていた装置の一つが「霧箱（きりばこ）」というものです。これなら、わたしたちにもつくることができて、宇宙線を観察することができるのです。

「霧箱」は放射線を研究するための装置です。放射線を研究する装置で宇宙線が見えるわけについては、後でお話することにして、まずはわたしたちも「霧箱」をつくって、宇宙線を見てみませんか。（霧箱をつくる前に文章を読みすすんでもちゃんとわかるように写真をたくさんのせていますので、このまま読みすすめても大丈夫です）

霧箱のつくり方は、46ページにのせてあります。

霧箱ができたら、なかをのぞいてみましょう。名前のとおり、箱の中に細かい霧粒が降

霧箱

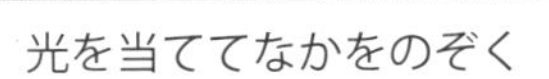

光を当ててなかをのぞく

るのが見えるようになってきたら、底の液面に近いあたりに注目してください。白い糸くずのようなものがつぎからつぎへと現れては消えていく様子が見えてくれれば成功です。

霧箱で見える放射線とはどんなもので、宇宙線とどのような関係があるのでしょうか。

放射線の発見

今から約１００年前、20世紀になったばかりの１９１２年、オーストリア人のフランツ・ヘスという科学者が、高い空の上から地上に降りそそぐ電気を帯

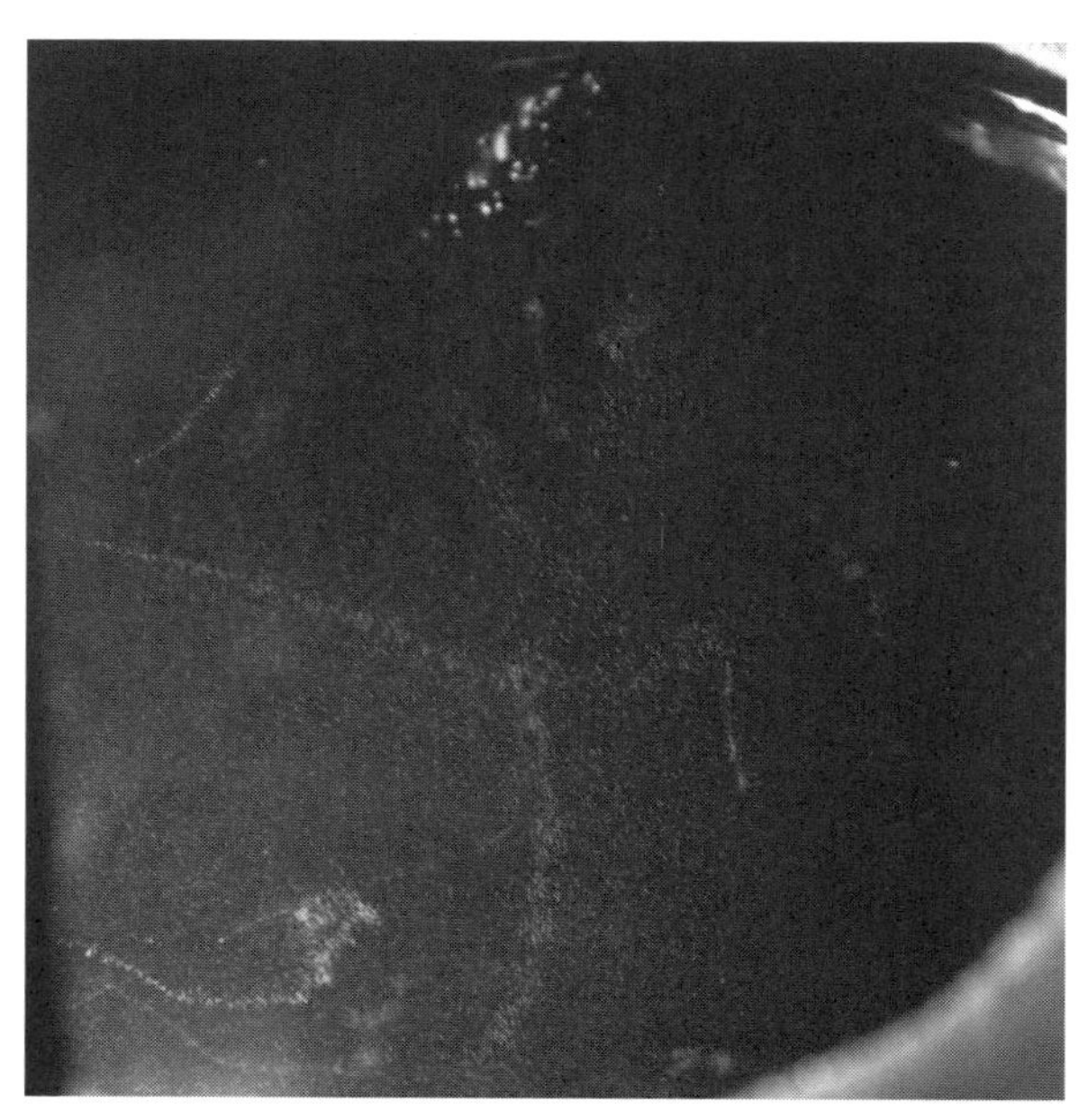

白い糸くずのようなものが現れては消えていくのが見えるようになります。

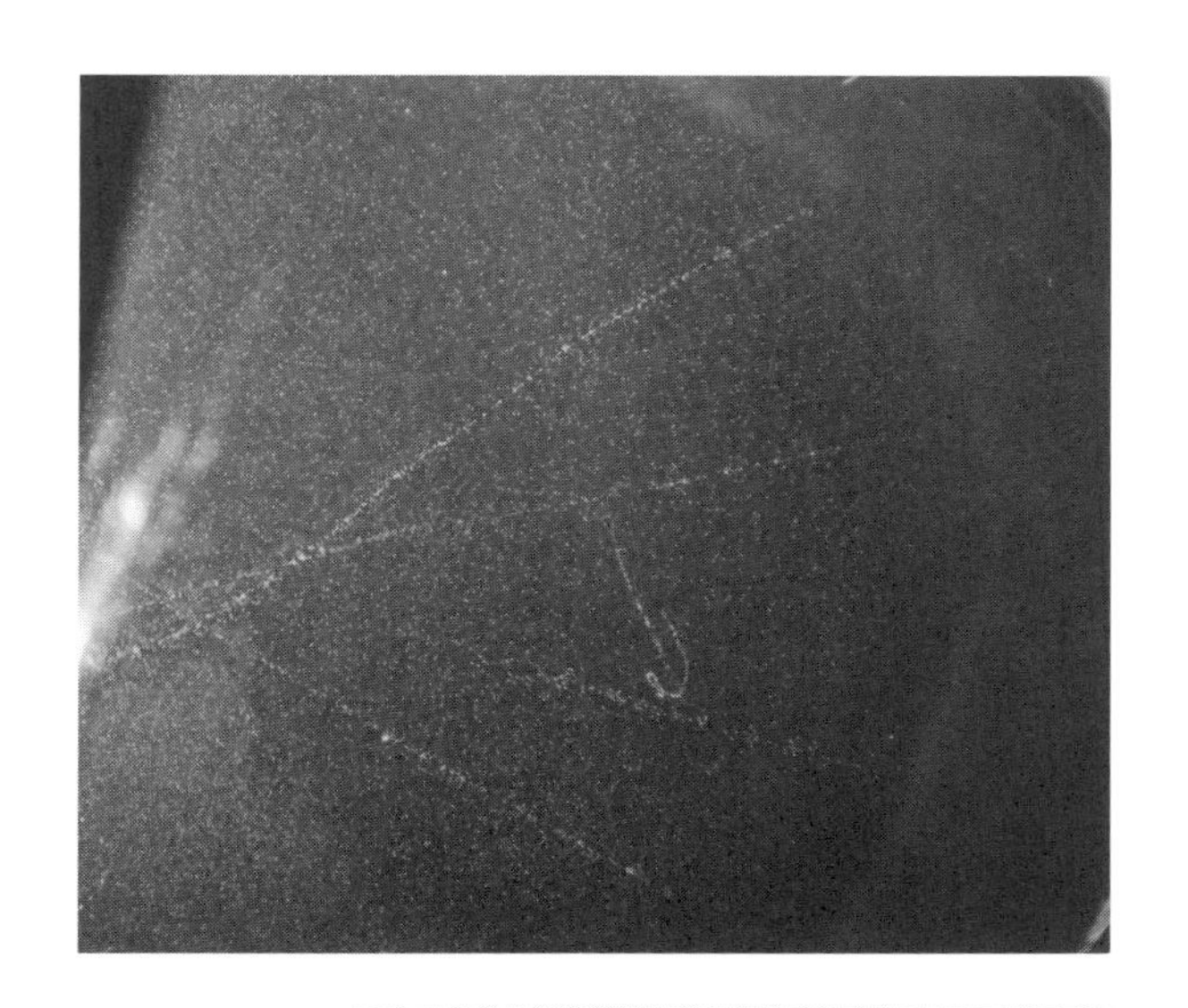

ときどき、長くてまっすぐな白い筋が霧箱を横切るように現れます。
宇宙線がこの霧箱を横切るように飛んだのです。

びた粒子の存在に気づきました。これが宇宙線発見のきっかけでした。

みなさんは、放射線とか、放射能という言葉を聞いたことがあるでしょう。物を通り抜けてしまう不思議な光のようなものとして「放射線」が発見されたのはこの少し前、１８９５年のことでした。その正体を求めて多くの科学者が研究にとり組みました。

放射線の研究成果は、「原子は、これ以上分けられない粒である」というそれまでの常識をひっくり返すことになりました。原子は「壊（こわ）れない粒」ではなく、〈もっと小さい粒〉からできていることが明らかになったからです。科学者の研究によって、放射線の正体は原子の原子核が壊れて飛びだす粒であることがわかったのです。

といっても、原子を簡単に壊すことはできません。ものが爆発燃焼するなど、どんなに激しい化学反応がおきて物質が変化し、原子同士の結びつき方が変わっても、原子そのものは壊れません。つまり原子核が壊れて別の種類の原子になるということはおきません。

原子が壊れて放射線がでるのは、大きく二つの場合です。

1. 原子のなかには、もともと原子核が壊れやすい性質をもった原子（放射性原子）があります。その原子が自然に壊れると放射線が飛びだします。

（放射性原子が放射線をだす活発さの程度を放射能といいます。「放射能が強い」というのは、放射線を活発にだすという意味です。「放射能」は放射線をだす原子の名前ではありません。また、「放射能」は放射線をさす言葉でもありません）

2. 大きなエネルギーをもつ放射線が原子にぶつかり、原子核ごと壊されてしまうことがあります。この場合も原子核のかけら、放射線が飛びだします。（原子核が壊れるとき、粒子ではないが大きなエネルギーをもつγ（ガンマ）線という電磁波が飛びだすことがあります。これも「放射線」のなかまです。ガンマ線は原子核が壊れるときでてくるものなので、宇宙にはガンマ線もたくさん飛んでいます）

原子核の世界の変化は、原子の外側（表面）でおきていることとは無関係におきます。化学反応はもちろん、温度変化、カビや細菌など微生物の作用も、原子の外側でおきていることなのでそれによって放射線の出方が変わることはないのです。

地球の大地のなかには、地球ができたときからあった〈自然に壊れる原子〉があります。ウランやトリウム、ラドンなど、原子核が大きくて重い原子です。

放射線は目に見えません。しかし放射線がでるとまわりの空気が静電気を帯びます。そこで、当時の科学者は精密な検電器（静電気を調べる道具）を使って大地からでてくる放

放射性原子が壊れたり、大きなエネルギーをもつ放射線が原子にぶつかって原子核ごと壊されたりすると原子核のかけらである放射線が飛びだす。

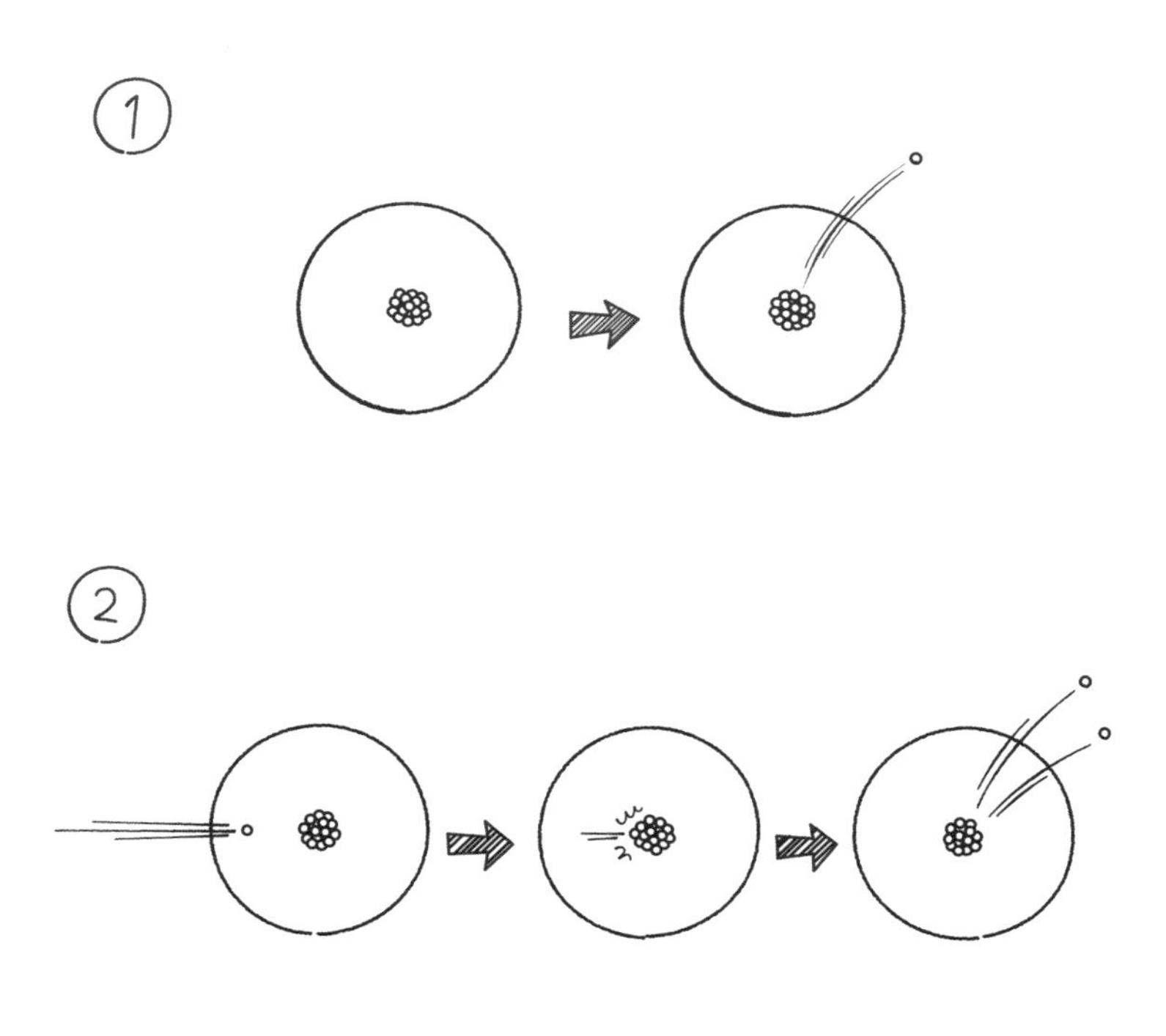

射線の強さを研究していました。

宇宙線と、宇宙線は放射線であることの発見

ヘスは、高いところに行けば地面からの放射線の影響が少なくなると予想して、検電器をもってエッフェル塔にのぼったり、気球に乗ったりして調べました。ところが、ある程度以上高いところに行くと、かえって放射線が強くなることを発見しました。これが宇宙線だったのです。

宇宙線は放射線です。宇宙線の粒は、もともと原子の部品ですから、原子核が壊れたとき飛びだす粒（放射線）とまったく同じものなのです。宇宙線は宇宙放射線ともよばれます。

霧箱の発明

宇宙線発見の少し前、イギリスの気象学者ウイルソンが雲や霧を人工的につくる道具を発明しました。霧粒は水蒸気が空気中の塵（ちり）などを核としてあつまり小さな水滴となって浮かぶものです。

フランツ ヘス

高いところの放射
線を調べるために
気球に乗っている
ヘス

ところがウイルソンは、この装置で塵をいくら取り除いてもできてくる霧に気がつきました。そしてそれが放射線によってできる霧であることを発見しました。ウイルソンはこの装置を、放射線を研究する道具として改良しノーベル物理学賞を受賞しました。

これがわたしたちに宇宙線を見せてくれる「cloud chamber（クラウド チェンバー）＝霧箱」です。

宇宙線は霧箱につぎつぎに飛び込んでくる

宇宙線の粒はものすごいスピードで地球にやってきます。たとえば、

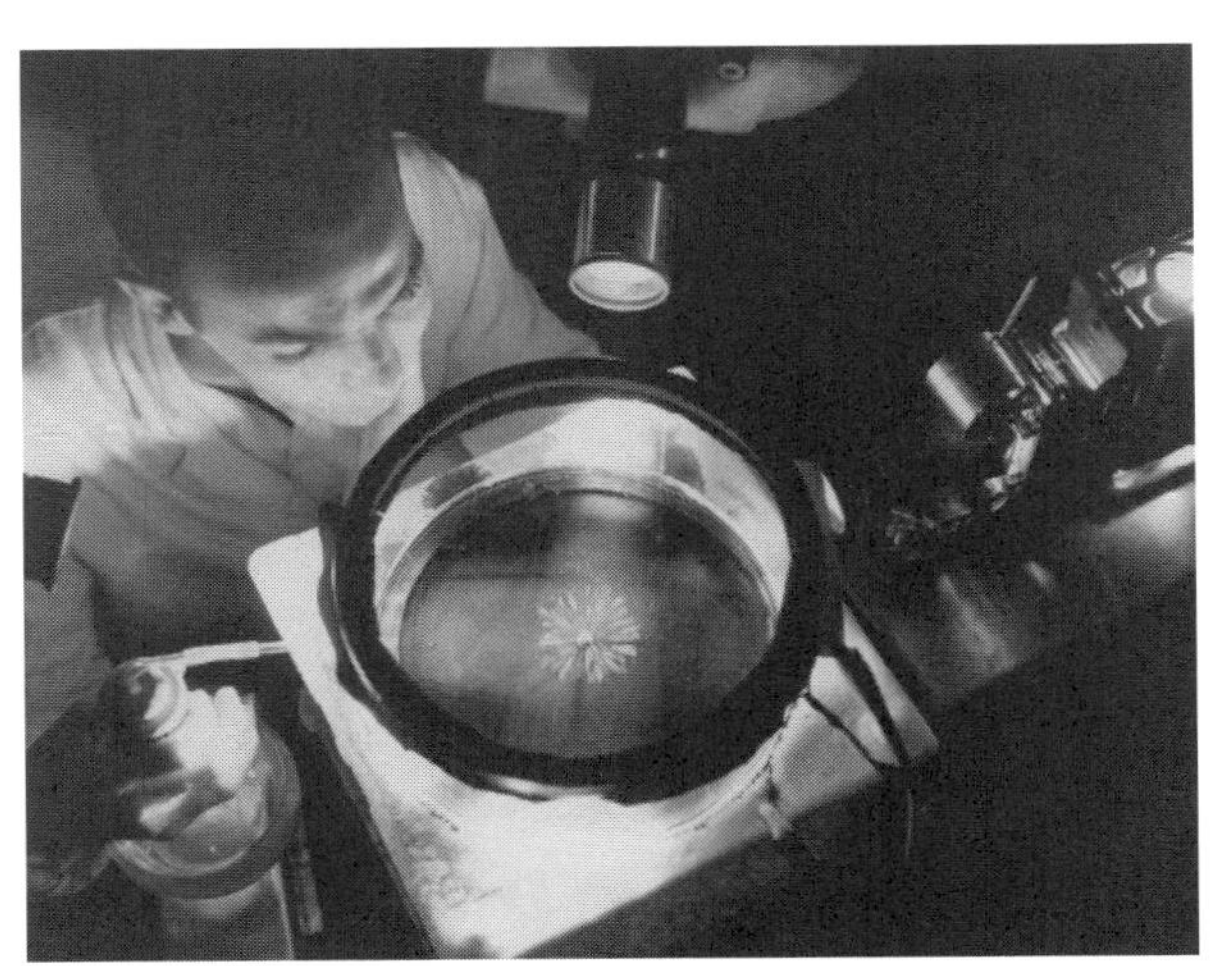

霧箱をのぞきこむ科学者（1957）
アメリカ航空宇宙局（NASA）

遠い宇宙からやってきた陽子1個が地球の空気の原子や分子に衝突すると、ぶつかられた原子は砕けちり、それぞれのかけらがまた、他の原子を壊してしまうということがつぎつぎにおきます。

大きなエネルギーをもった宇宙線の場合、最終的に何十万粒もの原子のかけら、放射線の粒が一瞬のうちに地上に降りそそぎます。これは「空気シャワー」、または「宇宙線シャワー」とよばれています。

エネルギーの大きさにちがいはあっても宇宙線の粒はいろいろな方向からたえず地球の大気に飛びこんでくるため、宇宙線シャワーはいつも、はがきくらいの広さに1秒で1粒くらいは届いている計算になります。だから、わたしたちがつくる霧箱のなかにも、つぎつぎに飛びこんできます。

霧箱でよく見える細い糸くずのような雲は、電子が飛んだあとで、「ベータ線」という放射線としての名前がついています。短くて太い雲は「アルファ線」とよばれ，ヘリウムの原子核（16ページ参照）と同じ粒が飛んだとき見えます。

ベータ線やアルファ線は宇宙線シャワーでもできますが、地球の岩石に含まれている放射性原子からもでています。

霧箱の中の空気やまわりの空気にも、もともと岩石からでてきた放射性原子が含まれていますから、ベータ線やアルファ線が見えても、「これが宇宙線によるものだ」と見分け

《宇宙線シャワー》

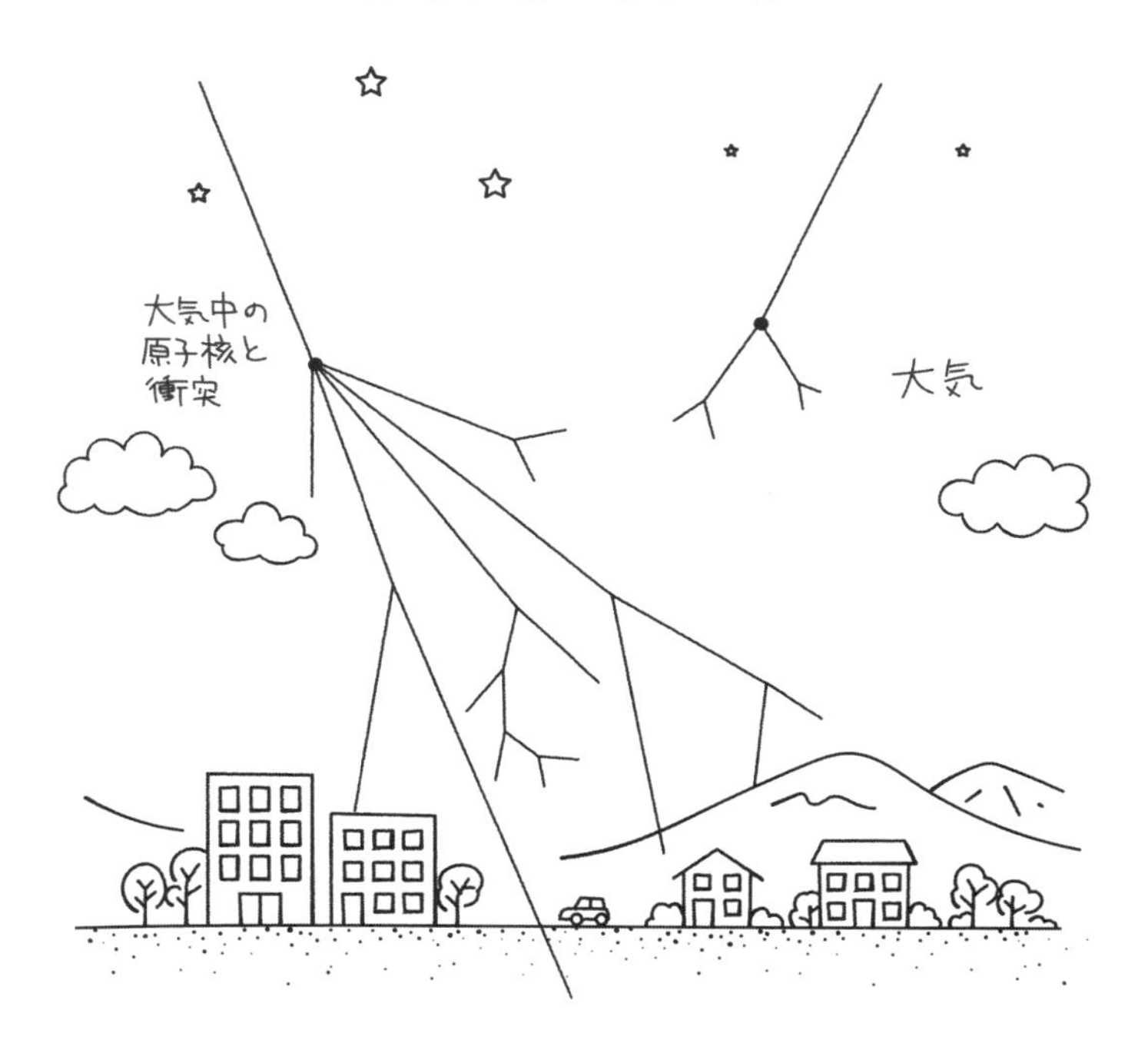

宇宙からものすごいスピードで飛びこんできた粒が大気中の原子にぶつかり、くだけ散ったかけらがまた他の原子をこわし、ということが次々におこる。

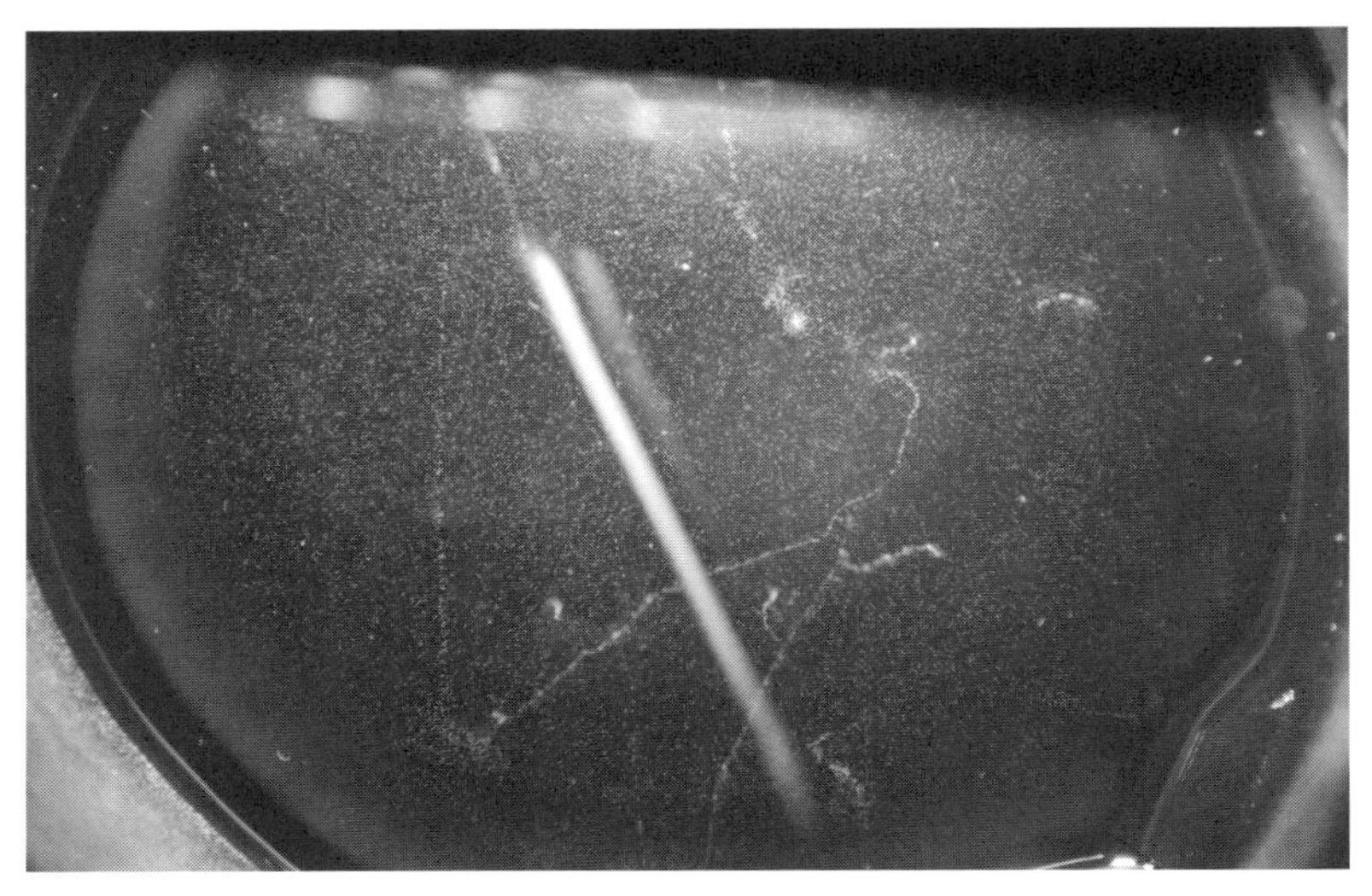

アルファ線（左上から右下に走っている太い線）とベータ線（アルファ線と交差している細い線）

ることはできません。

けれども、霧箱で「これは宇宙線の雲だ」とすぐわかるものもあります。それはミュー粒子とよばれる粒によってできる雲です。この粒は素粒子の一つで、電子より重く、陽子より軽い粒です。宇宙線で原子核が壊れるときに飛びだす粒で、霧箱のなかで、ふつうの電子（ベータ線）と同じくらいの細さのまっすぐな雲をつくります。

ミュー粒子の雲を探してみましょう。

次のページの写真で、まっすぐ霧箱を横切っているのが〈ミュー粒子が通過してできた雲〉

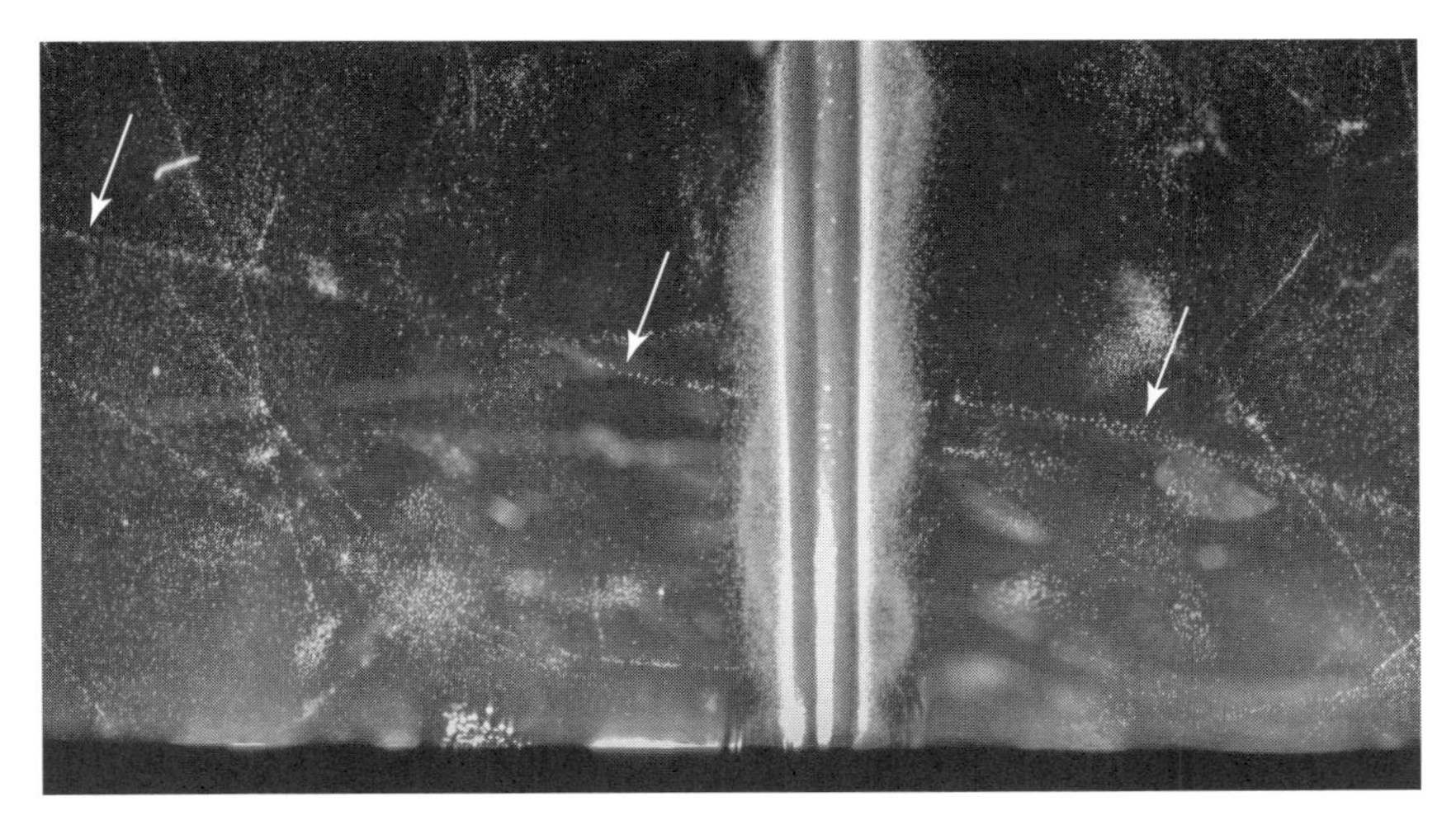

鉛板を貫くミュー粒子（真ん中に立っている厚さ4ミリメートルの鉛板をミュー粒子が突き抜けたあとが白い筋になって見えている。白い矢印で示した筋）

です。ミュー粒子は、霧箱どころか、金属や岩石をも貫いて飛んでいきます。

最近、これを使ってレントゲン写真を撮るようにピラミッドの内部の様子を写真にとって調査する研究が話題になりました。

時々、非常に大きなエネルギーをもった宇宙線が地球に飛んでくることがあります。その宇宙線は、いつもよりはるかに大きな空気シャワーをつくります。そして雨のようにわたしたちの上に降りそそぎます。もし、そのとき霧箱を見ていればこんな光景（上の写真）が見えます。霧箱のなかが宇宙線がつくった雲の筋でいっぱい

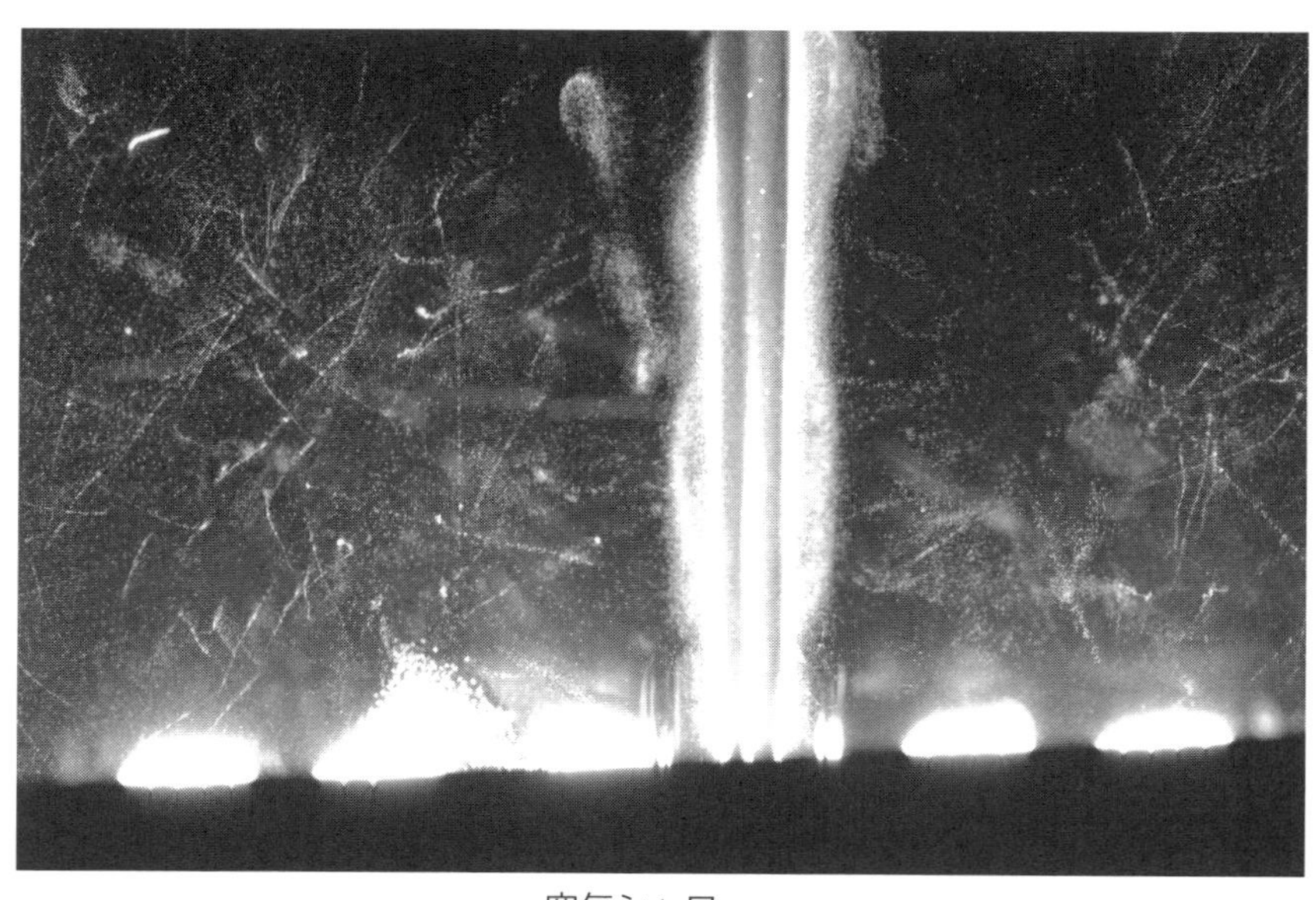

空気シャワー

になりました。
あなたは、宇宙線を見ることができましたか?

宇宙線には、はるか遠くの宇宙の情報がいっぱい詰まっている

原子＝atom(アトム)は、古代ギリシャの人々が考えていた「これ以上分けられないもの」という意味の言葉にちなんだ名前です。

現代の科学者は、陽子や中性子も究極の粒ではなく、さらに小さな粒からできていることをつきとめました。しかしまだ究極の粒

「素粒子」の姿は明らかになっているとはいえません。

今のところ「素粒子」は20種類近くあるのではないかと考えられており、霧箱で白い筋が見えるミュー粒子や電子はその一つと考えられています。

宇宙線の粒の正体や、宇宙線がどこで生まれ、どのようにして地球にやってくるのかについては、まだまだわからないことがたくさんあります。けれども、宇宙線は地球から直接観測することができないはるかに遠い宇宙のすがたや、宇宙全体の変化の様子についてたくさんの情報をもたらしてくれています。

小さな原子よりさらに小さい粒の研究から、広大な宇宙の秘密が解き明かされようとしているのです。

霧箱とその作り方

●宇宙線、放射線を見る道具「霧箱（きりばこ）」

宇宙線、放射線は目には見えません。しかし、「霧箱」という道具を使えば、見えないはずの放射線を間接的に〈見る〉ことができます。

霧箱はC．T．R．ウイルソン（１８６９〜１９５９、イギリス）が発明したものです。かれは気象学者で１８９５年から「雲を人工的につくる研究」をはじめたのですが、放射線の発見を知ってからは〈放射線を見る道具〉として研究をすすめ、装置を完成させました。英語ではこの装置を「Cloud Chamber（クラウドチェンバー）（雲の部屋）」とよびますが、日本語では「霧箱」というのが一般的です。雲は霧粒でできているので、雲＝霧で「霧箱」としたのかもしれません。

霧箱のなかを放射線が飛ぶと、飛行機雲のような白い雲の筋ができます。その「雲の筋」を「飛跡（ひせき）」といいます。放射線ののこす飛跡を観察することで、どんな放射線がどのように飛んだかを知ることができます。

●霧箱とそのしくみ

今回ご紹介する霧箱は、名古屋大学客員研究員の林熙崇(ひろたか)さんの考案による「宇宙線がバンバン見える霧箱」が原型です。

名古屋大学理学研究科・素粒子宇宙物理系Ｆ研基本粒子研究室のウェブサイトで公開されています。２０１４年夏に、筆者らは研究室を訪問して林さんからいろいろと教えていただくことができました。わたしたちの簡易版制作には林さんの改良案を反映させていただいています。

http://flab.phys.nagoya-u.ac.jp/2011/ippan/cloudchamber/

林式霧箱は「拡散型霧箱」とよばれるタイプの霧箱です。アルコールの蒸気を容器のなかに充満させてドライアイスで冷却し、〈過飽和層(かほうわそう)〉という「きっかけがあれば気体のアルコールが小さい液体の霧粒になりやすい場所」をつくる方式です。

霧箱のなかを放射線が飛ぶと、その通り道にそって空気に静電気が発生します。その静電気力が、霧箱内のエタノール分子や水分子をひきつけ、過飽和層では肉眼でもはっきり見えるぐらいの〈霧粒のあつまり〉ができます。それで霧箱内に「放射線の通り道＝「飛跡」が見えるわけです。

林式霧箱は、底にアルコールのプールをつくり、アルコールを蒸気の供給源とします。厚さ2～3㎝程度の過飽和層ができますが、これは他の方式の霧箱よりも厚く、この霧箱の特徴になっています。過飽和層の厚さが霧箱の感度を高めて、他の方式では観察しにくい空気中の自然放射線の観察を可能にしていると考えられます。

この霧箱で観察できるのは、電気を帯びた放射線粒子α（アルファ）線（ヘリウム原子核）、β（ベータ）線（電子）、陽子、μ（ミュー）線（ミュー粒子）の飛跡です。γ（ガンマ）線やX（エックス）線などは電気をもっていないので直接飛跡は現れませんが、霧箱に入るともともと原子のなかにあった電子をたたきだして、飛びだした電子の飛跡が見えることがあります。

山本海行のサイト〈うみほしの部屋〉に、霧箱で観察した放射線の動画や写真がありますのでご覧ください。

https://www.umihoshi.com

メニューから「霧箱で見た放射線」にはいると、霧箱の動画や作り方が掲載されています。スマートフォンの場合は、以下のコードから「クリアファイル霧箱の作り方」「自宅ベランダで見た霧箱」「高山で見た宇宙線」を見ることができます。

クリアファイル霧箱の作り方

うみほしの部屋

一般住宅の放射線

うみほしの霧箱研究室

●「クリアファイルで作る簡易型霧箱」の作り方

◇材料

・A3クリアファイル（31㎝×43㎝）1枚
　1枚を幅15㎝に切って使う。クリアファイル1枚から2個分取れる。薄い素材の場合は重ねて1個分として使ってもよい。

（直径が少し小さくなりますが、A4判を使用してつくることもできます。その場合は、10㎝×31㎝に切ります）
・黒画用紙　14・5㎝×43㎝ぐらいに細長く切って使います。
・黒ベルベット（別珍(べっちん)、ベロアなどともよばれる）布地、または黒植毛紙。（黒フェルトは反射が強く使いにくい）17㎝×17㎝
・輪ゴム　3本
・ラップフィルム　30㎝ほど2枚
・アルミホイル　20㎝ほど1枚
・ホチキス　・はさみ　・スポイト
・無水エタノール　100㎖くらい

・ドライアイス（板状）５００g程度
・ドライアイスをのせておく新聞紙か発泡スチロール板
・高輝度ＬＥＤランプ（１００円ショップの懐中電灯でよい）

◇**作り方**

①Ａ３クリアファイルを図のように15㎝幅に切ります。短辺が31㎝なので、15㎝幅のものが２枚とれます。

②①で切ったクリアファイルの長辺をまるめて筒型にし、合わせめを２～３ヵ所、ホチキスでとめます。

③底をつくります。ベルベット布地を、１辺が筒の径＋２㎝程度の四角形に切ります。これを筒の片方にかぶせ、ムでとめます。

④③の上からラップをかぶせて輪ゴムでとめます。

⑤さらに、その上からアルミ箔をかぶ

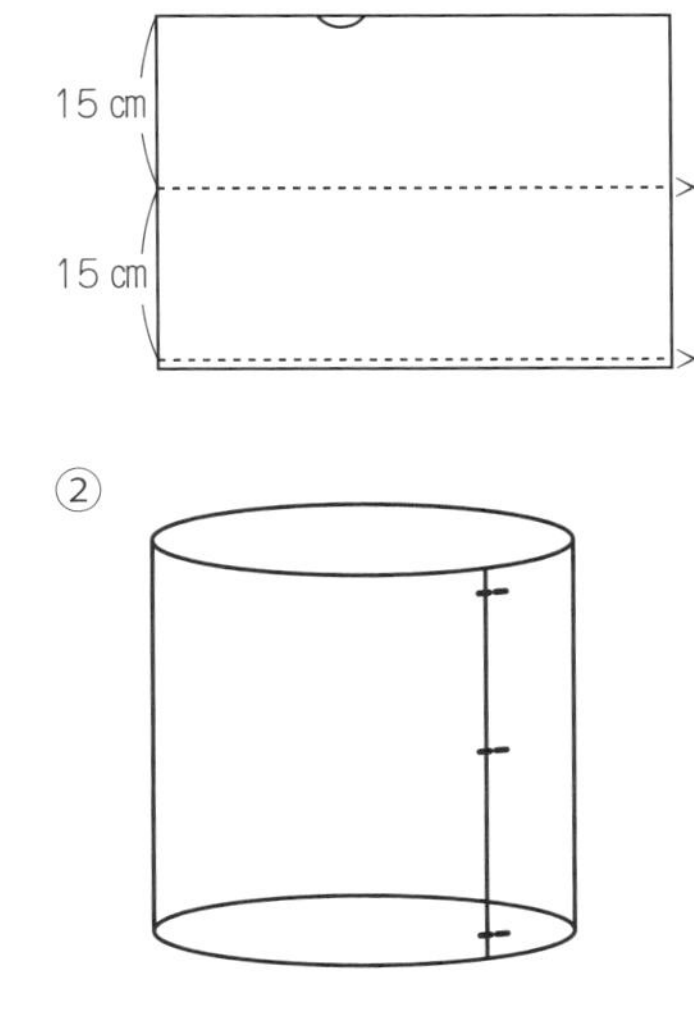

せ、また輪ゴムでとめます。

⑥黒画用紙を幅15㎝で横長に切ったものを用意します。

⑦⑤をひっくり返し、筒型容器の内側、側面に黒画用紙をまるめて入れ、黒い壁をつくります（貼り付ける必要はありません）。紙の打合せ部分が開かないようにセロテープやホチキス等でとめてもよいでしょう。容器の内側がまっ暗になります。このとき、黒画用紙の壁は、クリアファイルの筒からでない高さにします。

⑧エタノールを容器の底の黒ベルベット布が液面の下に完全に沈むまでそそぎます（エタノールの深さが3～5㎜ぐらいになるぐらいそそげば大丈夫です）。器の側面の黒画用紙にも

③

④

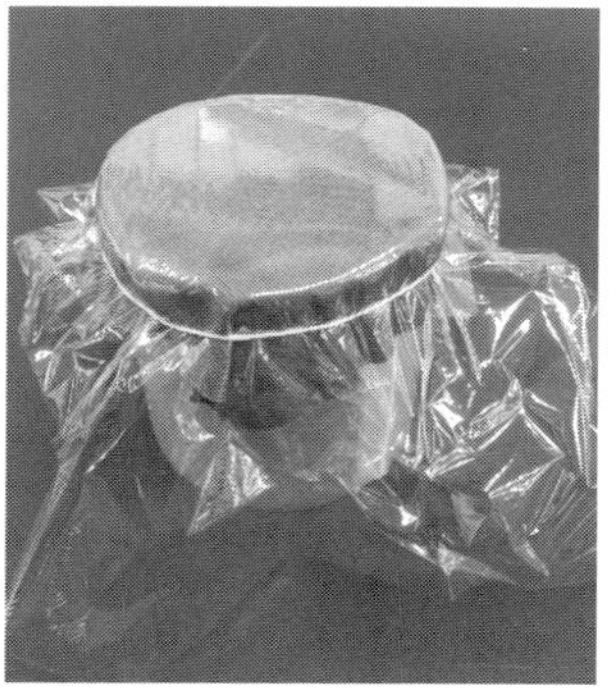

スポイトなどでエタノールをかけまわして浸みこませておきます。⑥

エタノールは気化しやすいので、蒸気を吸わないよう扱いに注意してください。もちろん**火気厳禁！**

⑨容器の口にラップフィルムをかぶせ、輪ゴムでとめてできあがり。

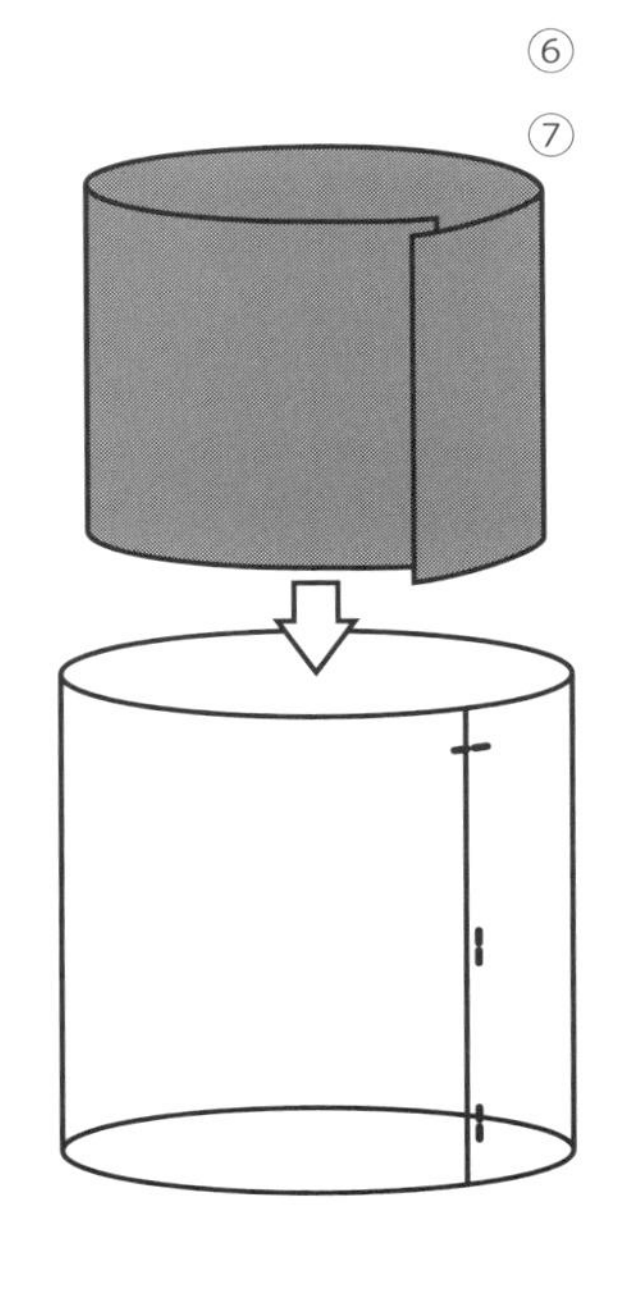

◇観察方法

①発泡スチロール（厚い新聞紙束などでもよい）の板の上に板状のドライアイスをおき、その上に霧箱をのせます（ドライアイスが板状でない場合

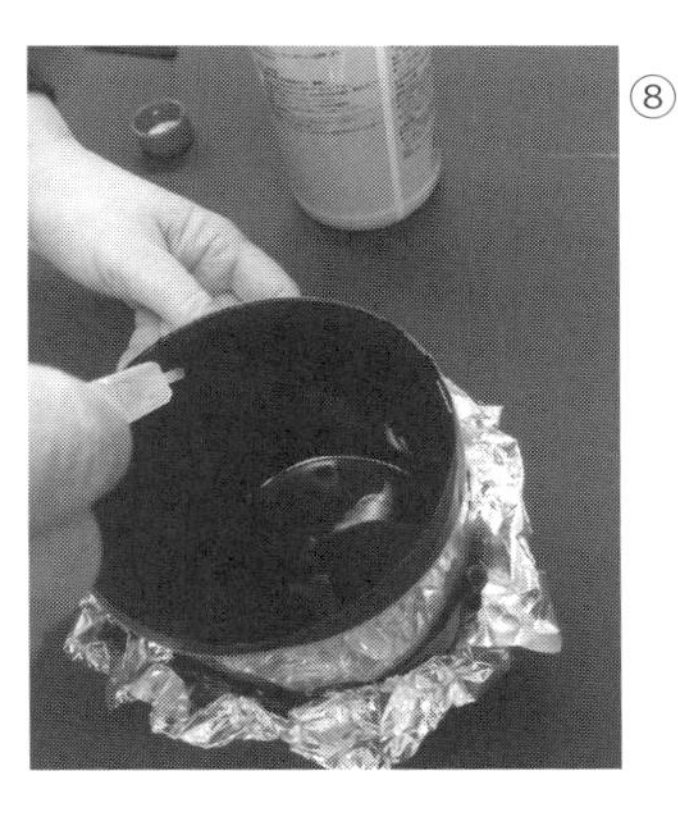

⑧

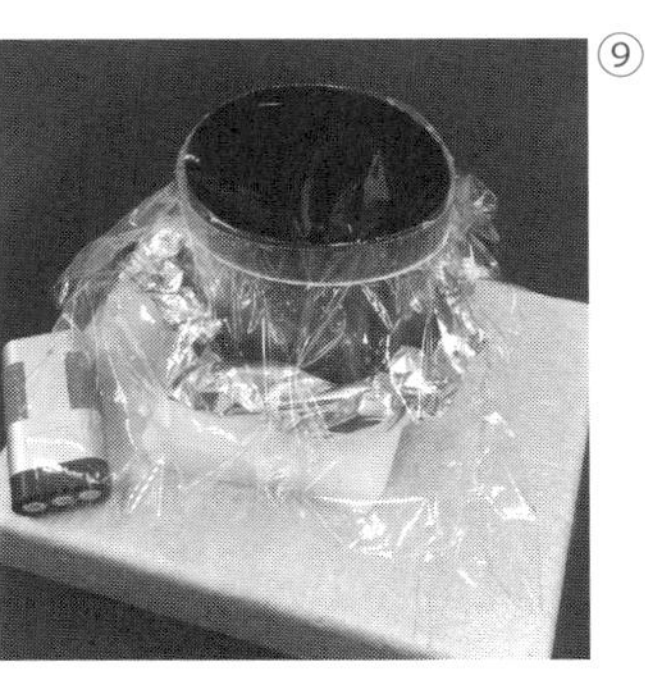

⑨

は、布に包んでたたきつぶし、ざるなどでふるいにかけて粉にしたドライアイスをトレイなどに敷いて平らにし、その上にのせてもよい。要は底面を平らに保ちたい）。

②部屋を暗くします。

③容器上部から、高輝度ＬＥＤランプ（１００円ショップのＬＥＤ懐中電灯でよい）で内部を照らし、観察します。5～10分まつと、容器内に霧が降るのが見えはじめます。

観察する人自身がランプをもち、照らした先を見るとよく見えます。霧粒が降っているのがわかる位置や角度を探します。霧粒が降るのが見えたら、液面のすぐ上あたりの深さに注目していると飛跡が見えはじめます。

あらかじめ、どういうものが見えるのか、写真や動画などで確認しておくと、はやく見つけることができます。

◇放射線が見えない時は……

いくらまっても（15分以上）霧が降らない、飛跡が見えない、というときは、以下の点をチェックしてみてください。

・部屋は明るくありませんか？（暗い方がよく見えます）
・寸法通りにつくりましたか？（深さ15㎝です）
・壁の黒画用紙にエタノールを浸みこませましたか？
・筒のまわりをドライアイスで囲んだりして冷やしすぎていませんか？（容器の上下で温度差がないと見えません）
・エタノールのプールが浅すぎて液面から底布がのぞいていませんか？

◆注意1：容器上部との温度差が必要です。

全体を冷やす必要はありません。エタノールのプールだけを冷やせばよいので、底面より少し大きいドライアイス板にのせておくだけで大丈夫です。ドライアイスでまわりを囲んだりすると、過飽和層ができにくくなります。

夏季などエタノールプールが冷えにくい場合は、インスタント麺のカップに入れたドライアイスの上に霧箱を置き、まわりにティシュペーパーをつめるなどするといいでしょう。

◆注意2：飛跡ができにくくなったら

線源鉱物（ウラン鉱など）を入れて観察することもできますが、その場合しばらくすると飛跡ができにくくなることがあります。静電気が内部に充満すると、放射線が飛んでも新たな飛跡ができなくなるからです。その場合はラップの上から指をふれるか、ティッシュペーパーなどでこすると復活します。

◆注意3：エタノールを使うので、絶対に**火気厳禁！**

エタノールの蒸気が大量に室内に拡散しないように気をつけてください。観察終了後の片付けのときも要注意。

＊仕組みがわかったら、ペットボトルや四角形のプラスチック箱の底を抜いたもの、プラダンボールなどを使っても同じようにつくれます。工夫してみてください。

●宇宙線のことをもっと知りたいときにおすすめの本

縣秀彦『オリオン座はすでに消えている?』(小学館新書、2012年)

わたしたちは、ベテルギウスの超新星爆発を目撃できるかもしれない。超新星爆発と宇宙のわくわく入門書。

長谷川博一『宇宙線の謎—発生から消滅までの驚異を追う』(講談社ブルーバックス、1979年)

他書にない入門的な説明がわかりやすい。

伊藤英男『宇宙線と素粒子がよ〜くわかる本』(秀和システム、2009年)

図解が多く、項目ごとにまとめて理解できる。

多田将『すごい宇宙講義』(イーストプレス、2013年)

高エネルギー加速器研究機構の研究者である著者がイベントハウスで行った連続講座や中高生向けの講演をまとめたもの。たのしい宇宙の最新学入門書。

多田将『宇宙のはじまり—多田将のすごい授業』(イーストプレス、2015年)

一般・中高校生向けの講義を本にしたもの。最新素粒子の研究にも触れている。

マーカス・チャウン『僕らは星のかけら—原子をつくった魔法の炉を探して』(ソフトバンク文庫2005年)

原子と宇宙の歴史をひもとく科学者たちの壮大な謎解き物語。

R.P.クリース他『素粒子物理学をつくった人びと』(ハヤカワ文庫、2009年)

素粒子研究の科学史。科学者のロングインタビューで構成。

朝永振一郎『宇宙線の話』（岩波新書、1960年）
ノーベル賞受賞者朝永博士による一般向けに書かれた「宇宙線」入門書の古典。宇宙線シャワーの図がはじめて一般書に紹介された。現在は入手しにくいので図書館などで。
山﨑耕造『トコトンやさしい　宇宙線と素粒子の本』（日刊工業新聞社、2018年）
専門家による簡潔な解説書。図が豊富で、最新の研究にも触れている。

●本書を執筆するのに参考にした本

早川幸男『宇宙線―自然探求の歩み』（筑摩総合大学、1972年）
大人向けの宇宙線と素粒子物理の専門的な入門書。
MALCOLM S. LONGAIR　*High Energy Astrophysics Vol.1*（Cambridge University Press,1981）
宇宙線研究の専門書。1929年に世界で初めて宇宙線を霧箱で撮影した写真がある。ヘスの1911〜12年の気球による宇宙線観測も写真入りで紹介されている。
中村誠太郎・小沼通二編『ノーベル賞講演・物理学5　1928〜1937』（講談社、1978年）
ヘスがノーベル賞を受賞したときの講演が入っている。
關戸彌太郎『宇宙線』（河出書房、1944年）
初期の宇宙線研究の様子がわかる。霧箱で宇宙線を撮影するときの参考にした。
武谷三男『宇宙線研究』（岩波書店、1970年）

観測方法が詳しい。宇宙線の自動撮影装置を作るときに参考にした。内容は専門的。

G.D.Rochester & J.G.Wilson　*CLOUD CHAMBER PHOTOGRAPHS OF THE COSMIC RADISATION*
（PERGAMON PRESS LTD.LONDON,1952）

霧箱で撮影された宇宙線の写真集。霧箱で様々な宇宙線がどのように見えるのかがわかる。

長谷川博一『宇宙線の謎―発生から消滅までの驚異を追う』（講談社ブルーバックス、１９７９年）

宇宙線の専門知識を一般向けにまとめている。全体的な記述のチェックに使った。

Yataro Sekido・Harry Elliot　*EARLY HISTORY OF COSMIC RAY STUDIES*（D.Reidel Publishing
Company,1985）

初期の宇宙線研究について詳しい本。ヘスの気球写真はここからとった。

●宇宙線について調べる時に役に立つウェブサイト

東京大学宇宙線研究所
　http://www.icrr.u-tokyo.ac.jp/about/cosmicray.html

キッズサイエンティスト（高エネルギー加速器研究機構）
　https://www2.kek.jp/kids/

名古屋大学理学研究科・素粒子宇宙物理系基本粒子研究室
　http://flab.phys.nagoya-u.ac.jp/2011/ippan/

●霧箱が展示してある施設

1．ほくでん原子力ＰＲセンター「とまりん館」（北海道古宇郡泊村）
2．六ケ所原燃ＰＲセンター（青森県上北郡六ヶ所村）２階展示棟
3．田中舘愛橘記念科学館（岩手県）二戸市シビックセンター３階
4．福島県環境創造センター・コミュタン福島（福島県田村郡三春町）
5．原子力科学館（茨城県那珂郡東海村）世界最大の霧箱
6．つくばエキスポセンター（茨城県つくば市）
7．群馬県立自然史博物館（群馬県富岡市）常設展示室 A コーナー
8．日本科学未来館（東京都江東区）
9．国立科学博物館（東京都台東区）地球館地下 3 階。
10. 名古屋市科学館（愛知県名古屋市）
11. でんきの科学館（愛知県名古屋市）
12. 新潟県立自然科学館（新潟県新潟市）
13. 北陸電力エネルギー科学館ワンダーラボ（富山県富山市）
14. 福井原子力安全センターあっとほうむ（福井県敦賀市）
15. 大阪市立科学館（大阪府大阪市）
16. 高松市立こども未来館（ミライエ）（香川県高松市）４F 科学展示室

○写真、図の出典

5ページ　アンドロメダ大星雲　今村守孝

12ページ　走査型トンネル顕微鏡による原子の画像　ＩＢＭ

23ページ　かに星雲　今村守孝

29ページ　スパークチェンバー　小林眞理子、多摩六都科学館所蔵

30ページ　スーパーカミオカンデ　Kamioka Observatory,ICRR(Institute for Cosmic Ray Research),The University of Tokyo

38ページ　ヘス　Yataro Sekido・Harry Elliot *EARLY HISTORY OF COSMIC RAY STUDIES*（D.Reidel Publishing Company,1985）

39ページ　霧箱をのぞく科学者　アメリカ航空宇宙局（ＮＡＳＡ）

ほかの写真はすべて、山本海行

＊多摩六都科学館の齋藤正晴さんには、スパークチェンバーの展示について教えていただいただけでなく、本書の構成の段階で相談にのっていただきました。ありがとうございました。

あとがき

２０１５年の秋に私はカナダにオーロラを見に行きました。このときは運良く活発なオーロラが出てくれて、それを見ながら私は「なんだか巨大な霧箱みたいだな」と思いました。

多くの人のオーロライメージは「光のカーテン」ではないかと思います。しかし実物はむしろ「上空から縦に射し込んでくる光の筋」でした。次々に射し込んでくる光の筋のあつまりがオーロラカーテンです。それは太陽から飛んできた粒が地球の空気にぶつかって光ったもの。宇宙線の粒とは違いますが、これも宇宙にある放射線です。だから光で見るか霧で見るかの違いはあっても、「放射線を見る」ということでは同じじゃないかと私は感じたのです。

カナダまで行かなくても、この本で紹介した霧箱なら、いつでも宇宙線を見ることができます。しかし、「写真に撮ろう」とすると、少し頑張らなくてはなりません。

宇宙線はこちらの都合には合わせてくれません。ひたすらシャッターチャンスを待つしかないのです。気がつけば私は４年間で11万枚の宇宙線の写真を撮っていました。最後は

自動で宇宙線を撮影する装置まで作りました。
それは苦労というよりはたのしい実験でした。たのしさは人を勤勉にするようです。
さて、この本では宇宙線を霧箱で見たわけですが、実は霧箱で見える世界はもっともっと先まで広がっています。その続きはまた別の本で紹介したいと思います。
この本を出版したいといってくれた仮説社の川崎社長、すばらしい星雲の写真を提供してくれた今村守孝さんにも特に記して感謝したいと思います。

２０１８年３月１１日　山本海行

山本海行（やまもとみゆき）
静岡県磐田市生まれ。静岡県浜松市在住。
１９８５年、静岡大学教育学部卒業。
公立高校教諭。
仮説実験授業研究会会員、日本気象予報士会（ＣＡＭＪ）会員

小林眞理子（こばやしまりこ）

神奈川県横浜市生まれ。

１９７４年、明治大学農学部農学科卒業。

製薬会社勤務を経て、主に埼玉、東京、神奈川の中学校で理科を教えてきた。

仮説実験授業研究会会員、ＮＰＯ埼玉たのしい科学ネットワークメンバー、物理教育研究会（ＡＰＥＪ）会員。

著書『煮干しの解剖教室』『シミュレーション版《もしも原子が見えたなら》（ＣＤ-ＲＯＭ編集・共著）（どちらも仮説社）

きみは宇宙線を見たか
—霧箱で宇宙線を見よう

２０１８年４月７日　初版発行（１５００部）
２０１９年５月３０日　２刷発行（１５００部）

著者　山本海行
　　　小林眞理子
装丁・イラスト　こばやしちひろ
発行人　川崎浩
発行所　株式会社仮説社
〒１７０-０００２
東京都豊島区巣鴨１・14・5
kasetu.co.jp
印刷・製本　平河工業社
用紙　鵬紙業

Printed in Japan　ISBN978-4-7735-0285-5　C0044
用紙　カバー：アヴィオンハイホワイト 46Y110 ／表紙：サンルーマーホワイト 菊T111 ／見返し：色上質オレンジ特厚AT ／本文：モンテルキア 46Y81.5